# 基于多源卫星数据的海面参数反演与特征提取技术

沈晓晶　谢　涛　赵　立等　编著

气象出版社
China Meteorological Press

## 内容简介

在总结基于多源卫星数据的海面参数融合反演阶段性成果的基础上,详细介绍了卫星遥感海面参数反演与特征提取技术,实现 RadarSAT 2 SAR 雷达散射截面图像处理、卫星 RadarSAT 2 SAR 风场反演、海洋锋面特征提取、风云静止卫星海表面温度及海流监测等功能。本书共 5 章。第 1 章概述,主要介绍海面参数遥感反演与特征提取的研究背景、主要内容、用途要求;第 2 章介绍了雷达图像处理技术;第 3 章介绍了海面风场反演技术;第 4 章是海洋锋特征提取技术;第 5 章是海表温度图像处理及海流检测技术。

**图书在版编目（ＣＩＰ）数据**

基于多源卫星数据的海面参数反演与特征提取技术 /
沈晓晶等编著. -- 北京：气象出版社，2021.11
　ISBN 978-7-5029-7616-3

　Ⅰ．①基… Ⅱ．①沈… Ⅲ．①卫星遥感－应用－海面
－参数测量－研究 Ⅳ．①P7

中国版本图书馆CIP数据核字(2021)第249410号

## 基于多源卫星数据的海面参数反演与特征提取技术
Jiyu Duoyuan Weixing Shuju de Haimian Canshu Fanyan yu Tezheng Tiqu Jishu

| | | | |
|---|---|---|---|
| 出版发行：气象出版社 | | | |
| 地　　址：北京市海淀区中关村南大街 46 号 | | 邮政编码：100081 | |
| 电　　话：010-68407112(总编室)　010-68408042(发行部) | | | |
| 网　　址：http://www.qxcbs.com | | **E-mail**：qxcbs@cma.gov.cn | |
| 责任编辑：张锐锐　孔思瑶 | | 终　审：吴晓鹏 | |
| 责任校对：张硕杰 | | 责任技编：赵相宁 | |
| 封面设计：地大彩印设计中心 | | | |
| 印　　刷：北京建宏印刷有限公司 | | | |
| 开　　本：787 mm×1092 mm　1/16 | | 印　张：3.75 | |
| 字　　数：80 千字 | | | |
| 版　　次：2021 年 11 月第 1 版 | | 印　次：2021 年 11 月第 1 次印刷 | |
| 定　　价：58.00 元 | | | |

# 《基于多源卫星数据的海面参数反演与特征提取技术》

## 编 写 组

沈晓晶　谢　涛　赵　立　陈　建　姜祝辉

安玉柱　张伟涛　李　然　白成祖　常昊天

孔晓娟　刘恒昌　陈　莹

# 前　言

随着卫星遥感技术的发展,卫星海洋遥感成为监测海洋环境最重要、最有用的手段之一,本书旨在充分发挥不同种类卫星在分辨率和幅宽之间的互补优势,深化研究利用多源卫星遥感海表面温度(Sea Surface Temperature,SST)、海表面高度异常(Sea Surface Height Anomaly,SSHA)数据反演海水温、海盐密度场技术,多源卫星合成孔径雷达(Synthetic Aperture Radar,SAR)数据反演海洋锋、中尺度涡等海洋现象特征参数技术,以及海面风场反演技术,并进行模型校验和应用示范,显著提高我国军民海洋、气象、侦察卫星数据的应用效益,为水下作战环境探测卫星应用系统的研制提供技术支撑及水下作战环境参数的业务化保障能力奠定基础。

本书共分为5章。第1章为概述,简要介绍了本书的研究背景、研究目标和研究内容。第2章从基本原理、功能组成和算法流程几方面介绍了雷达图像处理技术。第3章介绍了海面风场反演技术,包括海面10 m风场—初始风向预处理技术、最优地球物理模式函数(Geophysical Moclel Function,GMF)自动选取技术、SAR图像网格化重构技术、海面10 m风场—风速反演处理技术、最优风场反演分辨率自动锁定技术、海面风场矢量产品存储和显示技术。第4章通过锋面特征因子计算、海洋锋面定位、海洋锋面显示和海洋锋面遥感产品质量检验4个部分详细阐述了海洋锋特征提取技术。第5章介绍的是海表温度图像处理及海流检测技术,包括多源卫星海表温度产品融合处理技术和海流监测技术。

本书拟解决的关键问题包括:最优风场反演分辨率自动锁定技术、最优地球物理模式函数GMF自动选取技术、海洋锋面特征提取算法技术、海洋锋面判识方法、海洋锋面位置自动确定技术、海表面流遥感反演算法技术。本书将为直接从事海洋遥感专业或相关专业的专业人员提供参考。

作　者

**2021 年 9 月**

# 目　　录

# 第1章 概 述

研究背景：地球上约 70% 的表面积为海洋,海洋吸收了约 70% 的进入地球大气的太阳总辐射。海洋将这些能量存储起来,再以潜热、长波辐射和感热交换的形式输送到大气中,驱动大气的运动。海洋作为全球气候系统的重要组成部分,对全球气候的变化有重要影响。我国濒临太平洋,是海洋大国,拥有 18000 km 的大陆岸线和 14000 km 的岛屿岸线。同时,东部沿海地区是我国经济社会发展相对较快的区域,也是我国主要的经济贡献区域,全国约 60% 以上的人口都分布在东部沿海。21 世纪,各军事强国将战略中心转向海洋。我国在和平崛起和全球化趋势加速的背景下,海洋已成为我国保卫国家安全和拓展国家利益的重要前沿。因此海洋对我国的经济社会和国防建设发展有极其重要的战略意义。卫星海洋遥感是监测海洋环境最重要、最有用的手段之一,可以实现对海洋实时、同步、连续的大面积观测。

研究目标：本书旨在构建多源卫星数据处理及其交互显示分析平台,提供专业的海洋气象应用产品监测分析及制作工具,实现卫星 Radarsat 2 SAR 雷达散射截面图像处理、风场反演、海洋锋面特征提取,获取风云静止卫星海表面温度及海流监测数据等功能,并生成相应的监测产品。

研究内容：

(1)卫星 Radarsat 2 SAR 图像处理子系统

1)Radarsat 2 SAR 资料 L1 级产品信息读取功能(主要功能)

2)辐射校正与散射系数计算功能(主要功能)

3)几何校正功能(主要功能)

4)斑点噪声滤除功能(主要功能)

5)后向散射系数计算与图像显示功能技术研究

(2)卫星 Radarsat 2 SAR 海面风场反演子系统

1)海面 10 m 风场—初始风向预处理功能

2)风场反演地球物理模式函数(GMF)构造功能

3)SAR 图像网格化重构功能(主要功能)

4)海面 10 m 风场—风速反演处理功能(主要功能)

5)海面风场矢量产品存储和显示功能

（3）海洋锋面特征提取子系统

1）锋面特征因子计算功能（主要功能）

2）海洋锋面定位功能（主要功能）

3）海洋锋面显示功能

4）海洋锋面遥感产品质量检验功能

（4）海表温度图像处理及海流监测子系统

1）多源卫星海表面温度产品融合处理功能

2）卫星海温专业分析及交互显示功能

3）海流监测功能（主要功能）

（5）天基信息融合智能监测系统集成

1）SAR 图像快视图显示功能

2）Radarsat 2 SAR 雷达散射截面计算及监测显示功能

3）Radarsat 2 SAR 风场反演计算功能及风场监测显示功能

4）海洋锋面计算定位功能（主要功能）

5）海洋锋面监测显示功能

6）融合海表面温度显示功能

7）海表面流计算功能（主要功能）

8）海表面流产品生成及监测显示功能

9）强海流区域监测显示与报表功能

关键技术：

（1）最优风场反演分辨率自动锁定技术
（2）最优地球物理模式函数 GMF 自动选取技术
（3）海洋锋面判识方法
（4）海洋锋面位置自动确定技术
（5）海洋锋面特征提取算法技术
（6）海表面流遥感反演算法技术

# 第 2 章　雷达图像处理技术

SAR 在方位向上通过合成孔径的方法来提高雷达的方位分辨率,在距离向上采用脉冲压缩技术来提高雷达的距离分辨率,以此获得二维高分辨率图像。SAR 的工作模式有多种,如条带式、扫描式和聚束式等,图 2-1 示意了正侧视条带 SAR 的成像几何关系。

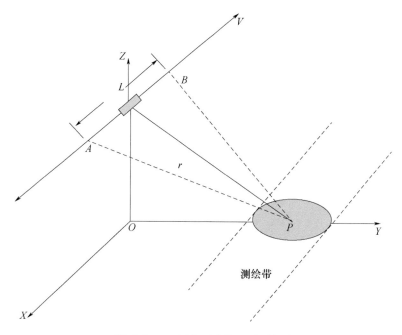

图 2-1　正侧视 SAR 几何模型

雷达沿着 X 轴负方向以速度 V 飞行,以一定的重复频率向地表发射脉冲信号。当雷达位于 A 处时,目标 P 进入到雷达照射范围,雷达位于 B 处时,目标 P 离开雷达照射范围,AB 之间的距离为合成孔径长度,雷达到目标之间的距离 r 称为斜距。雷达飞行的方向为方位向,与方位向垂直的方向为距离向,方位向和斜距构成的平面称为斜距平面,SAR 成像处理在该平面上进行。

在距离向上,雷达发射的线性调频脉冲具有以下形式:

$$s_{\mathrm{pul}}(t_\mathrm{r}) = w_\mathrm{r}(t_\mathrm{r})\cos(2\pi f_0 t_\mathrm{r} + \pi K_\mathrm{r} t_\mathrm{r}^2) \tag{2-1}$$

式中:$K_\mathrm{r}$ 为距离向调频率,$f_0$ 为雷达载频,$t_\mathrm{r}$ 为距离向时间,$w_\mathrm{r}(t_\mathrm{r})$ 一般为矩形包络。

雷达发射的脉冲信号沿距离向上传播到达目标,任意照射时刻的反射能量是脉冲信

号与地面反射系数 $g_r$ 的卷积：

$$s_r(t_r) = g_r(t_r) \otimes s_{pul}(t_r) \tag{2-2}$$

雷达回波信号中包含了一个反映雷达载频的高频分量 $\cos(2\pi f_0 t_r)$，不利于后续的成像处理，必须通过正交解调过程予以去除，解调后的回波信号可以表示为：

$$s_0(t_r, t_a) = A_0 w_r(t_r - 2R(t_a)/c) w_a(t_a) \times$$
$$\exp[-j4\pi f_0 R(t_a)/c] \exp[j\pi K_r(t_r - 2R(t_a)/c)^2] \tag{2-3}$$

式中：$A_0$ 是目标后向散射系数的幅度，$t_a$ 为方位向时间，$w_a(t_a)$ 为方位向窗函数，$R(t_a)$ 为雷达与目标的瞬时距离，$c$ 为光速。

SAR 成像处理始于式（2-3）所示的基带信号，通过解卷积求得地面反射系数 $g(t_r, t_a)$，以获得二维高分辨率图像。

## 2.1　子系统概述

卫星 Radarsat 2 SAR 图像软件处理子系统能够基于多模式（扫描宽刈幅、单视复图像等）、多极化（HH/VV/HV/VH）极轨卫星 Radarsat 2 SAR 原始资料，通过卫星姿态信息提取、像元高度（Digital Number，DN）值读取、定标点信息提取、几何校正、去噪技术、斑点噪声滤波、NRCS（后向散射截面）值计算，最终实现 SAR 图像图形显示和数据产品存储，为 SAR 风场反演和海洋锋面特征提取提供数据基础，卫星 Radarsat 2 观测模式如图 2-2。

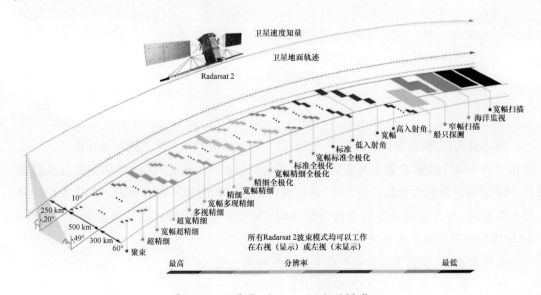

图 2-2　卫星 Radarsat 2 观测模式

## 2.2 子系统组成

Radarsat 2 SAR 图像处理子系统组成结构图如图 2-3 所示。

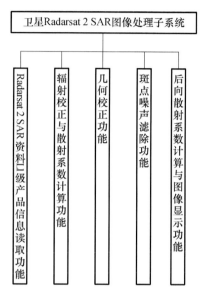

图 2-3 卫星 Radarsat 2 SAR 图像处理子系统组织结构图

## 2.3 Radarsat 2 SAR 资料 L1 级产品信息读取模块

### 2.3.1 概述

自动读取 Radarsat 2 SAR 产品文件原始信息,并计算相关卫星和地理几何信息,进行相关数据处理。主要包括:

(1)卫星固有参数读取与处理(主要功能)

读取并计算获取如下参数信息:雷达中心频率、脉冲重复频率、卫星高度、卫星速度、Passdirection、跟踪角、极化模式、波束方式、图像获取类型、图像中心经纬度、入射角范围、方位向分辨率、距离向分辨率、方位向线数、距离向像素、原始数据起始时间、原始数据结束时间、标定点噪声电平、sigma0 值、gamma 值、卫星状态矢量(时刻、$xyz$ 位置、$xyz$ 速度、偏航角、滚动角、旋转角)、多普勒质心参数、近端斜距、远端斜距等参数信息。

(2)SAR 成像几何信息提取与处理(主要功能)

读取 SAR 几何参数信息以及标定点的经纬度信息,根据图像方位向和距离向分辨率、近端斜距、远端斜距、卫星高度、图像方位向线数、图像距离向像素数,获取图像每个像元中心位置的经纬度信息。

## 2.3.2 组成

Radarsat 2 SAR 资料 L1 级产品信息读取模块的组织结构图如图 2-4 所示。

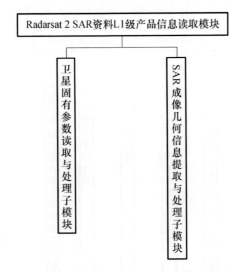

图 2-4 Radarsat 2 SAR 资料 L1 级产品信息读取模块组织结构图

## 2.3.3 算法流程

(1)卫星固有参数读取与处理子模块

卫星参数记录在 Radarsat2 SAR 数据文件夹下的 product.xml 文件中,相关参数对应的标识号如表 2-1 所示。

表 2-1 卫星参数对应标识号

| 卫星参数 | 标识号 | 卫星参数 | 标识号 |
|---|---|---|---|
| 雷达中心频率 | radarCenterFrequency | 天线指向 | antennaPointing |
| 卫星高度 | satelliteHeight | 升降轨 | passDirection |
| 极化方式 | acquisitionType | 波束模式 | beamModeMnemonic |
| 图像获取类型 | productType | 控制点经纬度 | longitude/ latitude |
| 近端入射角 | incidenceAngleNearRange | 远端入射角 | incidenceAngleFarRange |
| 方位向采样间隔 | sampledLineSpacing | 距离向采样间隔 | sampledPixelSpacing |
| 方位向线数 | numberOfLines | 距离向采样数 | numberOfSamplesPerLine |
| 数据起始时间 | zeroDopplerTimeFirstLine | 数据结束时间 | zeroDopplerTimeLastLine |
| 标定点噪声电平 | referenceNoiseLevel | 卫星时刻 | timeStamp |
| 卫星 $xyz$ 位置 | $x$Position/ $y$Position/ $z$Position | 卫星 $xyz$ 速度 | $x$Velocity/ $y$Velocity/ $z$Velocity |
| 偏航角 | yaw | 滚动角 | roll |
| 旋转角 | pitch | 多普勒质心参数 | DopplerCentroidConfidence |
| 近端斜距 | slantRangeNearEdge | | |

（2）SAR 成像几何信息提取与处理子模块

基于卫星参数读取与处理子模块获取得到的 SAR 几何参数信息以及控制点经纬度信息，图像每个像元中心位置的经纬度信息可以通过插值得到，具体流程如下：

控制点大地直角坐标→地心直角坐标→方位向采用样条插值/距离向采用最小二乘拟合插值→地心经纬坐标。

## 2.4 辐射校正与散射系数计算模块

### 2.4.1 概述

自动读取 geotiff 文件，获取不同极化图像 DN 值、sigma0 值、beta 值以及 gamma 值，并完成辐射校正计算，获得散射系数。

### 2.4.2 组成

辐射校正与散射系数计算模块的组织图如图 2-5 所示。

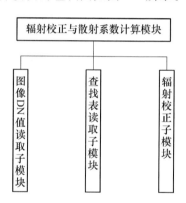

图 2-5 辐射校正与散射系数计算模块组织图

### 2.4.3 算法流程

（1）图像 DN 值读取子模块

HH/HV/VH/VV 极化图像 DN 值可由 .tif 文件读取得到。

（2）查找表读取子模块

beta、gamma、sigma 查找表值可分别由 lutbeta.xml、lutgamma.xml、lutsigma.xml 文件读取得到。

（3）辐射校正子模块

对于 SLC 图像，辐射校正后的值可以由以下公式计算得到：

$$\sigma = \frac{|DN|^2}{A^2} \qquad (2\text{-}4)$$

对于探测产品（SGF、SGX、SGC），辐射校正后的值可以由以下公式计算得到：

$$\sigma = \frac{(DN^2 + B)}{A} \qquad (2\text{-}5)$$

式中：$\sigma$ 为辐射校正后的值，$DN$ 为像元亮度值，$B$ 为查找表中的 offset 值，$A$ 为 beta、gamma 或 sigma 值。

## 2.5　几何校正模块

### 2.5.1　概述

利用标定点位置信息（经纬度）、卫星姿态信息、卫星高度、卫星速度矢量、雷达视角及跟踪角、近地端斜距及远地端斜距，根据 WG-84 地心坐标系统进行 SAR 图像几何校正，海面 SAR 图像几何校正过程中，需要滤除陆地区域信息。

### 2.5.2　组成

几何校正模块的组织结构图如图 2-6 所示。

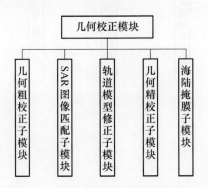

图 2-6　几何校正模块组织结构图

### 2.5.3　算法流程

该模块的算法流程图如图 2-7 所示。

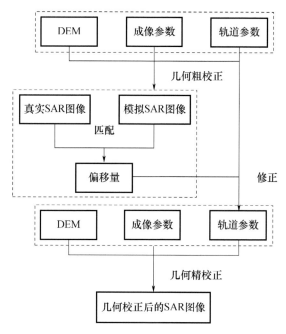

图 2-7 SAR 图像几何校正流程图

（1）几何粗校正子模块

该模块利用外部 DEM，使用 RD 模型对 SAR 图像进行几何粗校正，具体方法如下：

1）卫星轨道描述

采用二阶多项式模型描述 SAR 图像任一行（方位向）卫星位置矢量和速度矢量：

$$
\left.
\begin{aligned}
\boldsymbol{X}_s &= a_0 + a_1 t + a_2 t^2 \\
\boldsymbol{Y}_s &= b_0 + b_1 t + b_2 t^2 \\
\boldsymbol{Z}_s &= c_0 + c_1 t + c_2 t^2 \\
\boldsymbol{V}_X &= a_1 + 2a_2 t \\
\boldsymbol{V}_Y &= b_1 + 2b_2 t \\
\boldsymbol{V}_Z &= c_1 + 2c_2 t
\end{aligned}
\right\}
\tag{2-6}
$$

式中：$t$ 为该行卫星成像时刻；$\boldsymbol{X}_s$、$\boldsymbol{Y}_s$、$\boldsymbol{Z}_s$ 为该时刻卫星位置；$\boldsymbol{V}_X$、$\boldsymbol{V}_Y$、$\boldsymbol{V}_Z$ 为该时刻卫星速度；$a_i$、$b_i$、$c_i$（$i=0,1,2$）为描述卫星轨道的多项式系数。

基于图像头文件提供的卫星位置矢量和速度矢量，使用最小二乘法可计算得到初始多项式系数值。该系数为轨道参数，利用该参数可计算任一成像时刻卫星的位置矢量和速度矢量。

2）RD 模型几何校正

RD 模型描述了成像时卫星与地面点的几何关系。RD 模型由椭球方程（2-4）、斜距方程（2-5）、多普勒方程（2-6）组成：

$$\frac{X^2 + Y^2}{(R_e + h)^2} + \frac{Z^2}{(R_p + h)^2} = 1 \tag{2-7}$$

$$R = |\boldsymbol{P}_s - \boldsymbol{P}| \tag{2-8}$$

$$f_d = -\frac{2}{\lambda} \frac{(\boldsymbol{P}_s - \boldsymbol{P})(\boldsymbol{V}_s - \boldsymbol{V})}{|\boldsymbol{P}_s - \boldsymbol{P}|} \tag{2-9}$$

式中：$\boldsymbol{P} = (X, Y, Z)$ 为地面点位置矢量；$R_e$ 为地球椭球长半轴；$R_p$ 为地球椭球短半轴；$h$ 为地面点到地球椭球面高程。$\boldsymbol{P}_s = (X_s, Y_s, Z_s)$ 为卫星位置矢量；$R$ 为卫星与地面点距离。$\boldsymbol{V}_s$ 为卫星速度矢量；$\boldsymbol{V}$ 为地面点速度矢量；$\lambda$ 为雷达波长；$f_d$ 为多普勒中心频率。

SAR 图像任一点 $(r, az)$，已知成像参数每行成像时间间隔 $\Delta t$、斜距分辨率 $\Delta R$、初始成像时间 $t_0$ 和初始斜距 $R_0$，利用式(2-7)和式(2-8)，可计算该点的成像时刻 $t$ 及斜距长度 $R$：

$$t = t_0 + \Delta t \cdot az \tag{2-10}$$

$$R = R_0 + \Delta R \cdot r \tag{2-11}$$

根据成像时刻 $t$ 和已知其他时刻卫星位置矢量，利用插值方法可求得该点成像时卫星位置矢量，代入 RD 模型可求解该点地面点坐标。

(2)SAR 图像匹配子模块

RD 模型初始计算参数误差会影响模拟 SAR 图像纹理的位置和灰度值。故通过真实 SAR 图像与模拟 SAR 图像匹配获取控制点的偏移量能够反映几何校正的误差。

SAR 图像模拟包括几何模拟和灰度模拟，两者分别确定 SAR 图像像元位置和像元灰度。使用粗校正得到的查找表来确定 DEM 上任一点在 SAR 图像的位置，即几何模拟；然后使用 Muhleman 后向散射模型确定该点灰度值，即灰度模拟。该模型为半经验后向散射模型，是目前应用较为广泛的 SAR 灰度模拟模型：

$$\sigma = \frac{0.0133\cos\theta}{(0.1\cos\theta + \sin\theta)^3} \tag{2-12}$$

式中：$\sigma$ 为后向散射系数；$\theta$ 为局部入射角。

在得到模拟 SAR 图像后，需要与真实 SAR 图像进行匹配得到控制点，使用基于傅里叶变换的强度图像匹配方法来获取控制点。匹配得到的一对控制点在真实 SAR 图像中的坐标为 $(r_{\text{real}}, az_{\text{real}})$，在模拟 SAR 图像中的坐标为 $(r_{\text{sim}}, az_{\text{sim}})$。利用 RD 模型可得到 $(r_{\text{sim}}, az_{\text{sim}})$ 的地理坐标 $(X_{\text{sim}}, Y_{\text{sim}}, Z_{\text{sim}})$。任一组同名点都可得到用于轨道参数修正观测值 $(r_{\text{real}}, az_{\text{real}})$、$(X_{\text{sim}}, Y_{\text{sim}}, Z_{\text{sim}})$。

(3)轨道模型修正子模块

对于 RD 模型，与卫星轨道参数有关的为斜距方程式(2-8)和多普勒方程式(2-9)。对式(2-8)和式(2-9)使用泰勒公式展开为线性形式：

$$0 = F_1^0 + \sum_{i=1}^{3} \frac{\partial F_1}{\partial a_i} \mathrm{d}a_i + \sum_{i=1}^{3} \frac{\partial F_1}{\partial b_i} \mathrm{d}b_i + \sum_{i=1}^{3} \frac{\partial F_1}{\partial c_i} \mathrm{d}c_i \tag{2-13}$$

$$0 = F_2^0 + \sum_{i=1}^{3} \frac{\partial F_2}{\partial a_i} \mathrm{d}a_i + \sum_{i=1}^{3} \frac{\partial F_2}{\partial b_i} \mathrm{d}b_i + \sum_{i=1}^{3} \frac{\partial F_2}{\partial c_i} \mathrm{d}c_i \tag{2-14}$$

式中：$F_1 = |\boldsymbol{P}_s - \boldsymbol{P}| - R$，$F_2 = -\frac{2}{\lambda} \frac{(\boldsymbol{P}_s - \boldsymbol{P})(\boldsymbol{V}_s - \boldsymbol{V})}{|\boldsymbol{P}_s - \boldsymbol{P}|} - f_d$；$\frac{\partial F_1}{\partial a_i}$、$\frac{\partial F_1}{\partial b_i}$、$\frac{\partial F_1}{\partial c_i}$ 为 $F_1$ 对轨道参数的偏导；$\frac{\partial F_2}{\partial a_i}$、$\frac{\partial F_2}{\partial b_i}$、$\frac{\partial F_2}{\partial c_i}$ 为 $F_2$ 对轨道参数的偏导。

将匹配得到的控制点坐标代入，按最小二乘的原则迭代求解。每次迭代求解得到修正量 $\sum_{i=1}^{3} \mathrm{d}a_i$、$\sum_{i=1}^{3} \mathrm{d}b_i$、$\sum_{i=1}^{3} \mathrm{d}c_i$，对轨道参数进行修正。当迭代次数大于最大迭代次数或单位权方差变化量小于阈值终止迭代。

（4）几何精校正子模块

采用修正后的轨道模型，得到新的 RD 模型，利用几何粗校正子模块的算法即可得到几何精校正后的 SAR 图像。

（5）海陆掩膜子模块

采用 GTOPO30 全球数字高程模型进行海陆掩膜。GTOPO30 覆盖西经 180°至东经 180°，南纬 90°至北纬 90°的所有区域。它的分辨率为 30 s（即 0.00833333 度），生成一个 21600（行）×43200（列）的 DEM。其高程值范围在 −407～8752 m。在数字高程模型中，海洋地区被指定为 −9999。因此，先将 SAR 图像经纬度与 DEM 经纬度进行匹配，然后根据 DEM 的值判断是否是海洋，如果 DEM 为 −9999 则为海洋，其他为陆地。

## 2.6　斑点噪声滤除模块

### 2.6.1　概述

斑点噪声是 SAR 图像固有的一种需要做滤除处理的噪声。根据读取的卫星噪声电平，利用几何校正后的 SAR 图像，采用相应的滤波技术进行斑点噪声滤波，实现斑点噪声滤除功能。

### 2.6.2　组成

斑点噪声滤除模块的组织结构图如图 2-8 所示。

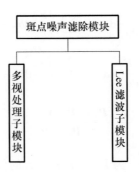

图 2-8　斑点噪声滤除模块组织结构图

## 2.6.3　算法流程

(1)多视处理子模块

对于同一个地理位置、同一时刻获取的 $L$ 幅独立的图像,进行多视处理的过程如下:

$$I_L = (1/L)\sum_{i=1}^{L} I_i \qquad (2\text{-}15)$$

处理后图像均值为:

$$E\{I_L\} = E\{I_i\} = I_0 \qquad (2\text{-}16)$$

方差为:

$$\mathrm{Var}\{I_L\} = E\{(I_L - I_0)^2\} = \left(\frac{1}{L}\right)^2 E\left\{\sum_{i=1}^{L}(I_i - I_0)^2\right\} = \frac{\sigma_0^2}{L} \qquad (2\text{-}17)$$

SAR 图像经过多视处理后,SAR 图像的空间分辨率会降低 $L$ 倍。

(2)Lee 滤波子模块

Lee 滤波算法的表达式为:

$$R = I + K \times (CP - U \times I) \qquad (2\text{-}18)$$

式中:$R$ 为对 SAR 图像进行 Lee 滤波之后图像中心像素对应的灰度值。$I$ 表示选定的滑动滤波窗口内各个像素灰度值的平均值。$CP$ 表示滑动滤波窗口内中心像元的灰度值。

$$K = 1 - \frac{M_{\mathrm{var}}/U^2}{Q_{\mathrm{var}}/I^2} \qquad (2\text{-}19)$$

式中:$U$ 为 SAR 图像中完全发育的乘性相干噪声的均值,一般取值为 1;$Q_{\mathrm{var}}$ 表示选定滑动滤波窗口各个像素灰度值对应的方差;$M_{\mathrm{var}}$ 为完全发育的乘性相干噪声的方差,$M_{\mathrm{var}} = (SD/I)^2$,其中 $SD$ 表示滑动滤波窗口内各个像素灰度值的标准差。

## 2.7 后向散射系数计算与图像显示模块

### 2.7.1 概述

利用辐射校正后的不同极化 SAR 后向散射系数(NRCS),根据雷达散射截面与后向散射系数的关系,计算出不同极化 SAR 的 NRCS,并利用人机对话界面,实现任意 SAR 图像 NRCS 图形显示功能。

### 2.7.2 组成

后向散射系数计算与图像显示功能模块的组织结构图如图 2-9 所示。

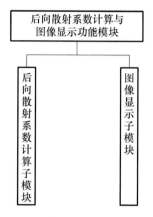

图 2-9 后向散射系数计算与图像显示功能模块组织结构图

### 2.7.3 算法流程

(1)后向散射系数计算子模块

利用辐射校正、滤波得到的雷达散射截面,利用如下转换关系,得到归一化后向散射系数 NRCS:

$$\sigma^0 = 10\log_{10}\sigma \, \text{dB} \tag{2-20}$$

式中:$\sigma$ 为雷达散射截面,$\sigma^0$ 为归一化后向散射系数。

(2)图像显示子模块

图像显示子模块利用人机对话界面,实现任意 SAR 图像 NRCS 图形显示功能。

# 第3章　海面风场反演技术

卫星 Radarsat 2 SAR 海面风场反演子系统组织图如图 3-1 所示。

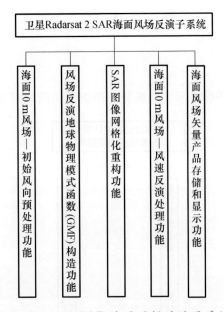

图 3-1　卫星 Radarsat 2 SAR 海面风场反演子系统组织结构图

## 3.1　海面 10 m 风场—初始风向预处理

### 3.1.1　概述

利用 QSCAT、ASCAT、ERA-5 等卫星海面风场 L2 级产品数据，经过格式转换、空间过滤以及时空融合产品算法计算，形成海面风相关的海上大风等产品。在此基础上，针对中国近海区域，利用中国近海浮标实时数据资料，对 QSCAT、ASCAT、ERA-5 等海面 10 m 风场矢量产品进行校验和修正，生成更高精度修正后的中国近海风场矢量产品。所得到的 QSCAT、ASCAT、ERA-5 融合海面风风向用于海面 10 m 风 SAR 风速反演的基础数据。

## 3.1.2 组成

海面 10 m 风场—初始风向预处理模块组织结构图如图 3-2 所示。

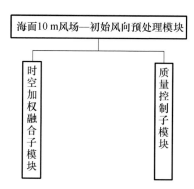

图 3-2 海面 10 m 风场—初始风向预处理模块组织结构图

## 3.1.3 算法流程

（1）数据融合方法

采用变分方法进行多源风场数据融合处理，变分估计就是对下面目标函数的最小化计算：

$$J = \frac{1}{2}(x - x_b)^{\mathrm{T}} \boldsymbol{B}^{-1}(x - x_b) + \frac{1}{2}(y - Hx)^{\mathrm{T}} \boldsymbol{R}^{-1}(y - Hx) \tag{3-1}$$

式中：$x$ 表示真实值；$x_b$ 表示背景值，即上一次得出的估计值；$\boldsymbol{B}$ 表示背景误差协方差矩阵；$y$ 表示观测值；$H$ 表示线性观测算子；$\boldsymbol{R}$ 表示观测误差协方差矩阵；上标 T 代表矩阵转置。

背景误差协方差矩阵和观测误差协方差矩阵分别定义为：

$$\boldsymbol{B} = (x - x_b)(x - x_b)^{\mathrm{T}} \tag{3-2}$$

$$\boldsymbol{R} = (y - Hx_b)(y - Hx_b)^{\mathrm{T}} \tag{3-3}$$

目标函数 $J$ 对变量 $x$ 求极小化得到：

$$x - x_b = \boldsymbol{B} H^{\mathrm{T}} \boldsymbol{R}^{-1}(y - Hx) \tag{3-4}$$

$$f = \boldsymbol{R}^{-1}(y - Hx) \tag{3-5}$$

$$x - x_b = \boldsymbol{B} H^{\mathrm{T}} f \tag{3-6}$$

根据线性算子 $H$ 的性质，可以得出：

$$Hx = Hx_b + H(x - x_b) \tag{3-7}$$

由此可以计算出：

$$\boldsymbol{R}f = y - Hx_b - H(x - x_b)$$

$$= y - Hx_b - H\boldsymbol{B}H^{\mathrm{T}}f \tag{3-8}$$

$$(\boldsymbol{R} + H\boldsymbol{B}H^{\mathrm{T}})f = y - Hx_b \tag{3-9}$$

上式可以通过共轭梯度法迭代得到 $f$，代入公式可得：

$$x = x_b + \boldsymbol{B}H^{\mathrm{T}}(H\boldsymbol{B}H^{\mathrm{T}} + \boldsymbol{R})^{-1}(y - Hx_b) \tag{3-10}$$

（2）时空加权融合算法

通过卫星散射计自带的标识位对海面风场观测数据进行筛选编辑，利用时空插值权重插值方法对多源海面风场资料进行融合处理，算法流程图（图 3-3）和具体步骤如下：

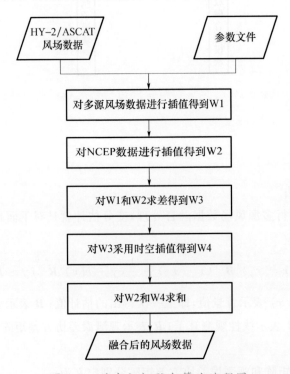

图 3-3　时空加权融合算法流程图

1）将 12 小时的 QSCAT、ASCAT、ERA-5 等的二级海面风场数据插值到 $0.25° \times 0.25°$ 网格上。

2）将 12 小时、$1° \times 1°$ 的 NCEP 数据插值为 $0.25° \times 0.25°$。

3）用插值后的卫星数据减去插值后的 NCEP 数据得到新的数据集。

4）对新的数据集进行融合，形成融合产品。三维时空插值公式为：

$$w_k = \frac{2 - \left[\dfrac{(x_k - x_0)^2 + (y_k - y_0)^2}{R^2} + \dfrac{(t_k - t_0)^2}{T^2}\right]}{2 + \left[\dfrac{(x_k - x_0)^2 + (y_k - y_0)^2}{R^2} + \dfrac{(t_k - t_0)^2}{T^2}\right]} \tag{3-11}$$

$$u_n = \frac{\sum\limits_{k=1}^{N} w_k u_k}{\sum\limits_{k=1}^{N} w_k} \tag{3-12}$$

式中:下标 0 表示网格内待计算风速的数据点,$(x_0, y_0, t_0)$ 表示 0 点的时空坐标;下标 $k$ 表示卫星观测数据点,$(x_k, y_k, t_k)$ 表示 $k$ 点的时空坐标,$w_k$ 表示在 $k$ 点的权重,$u_k$ 表示在 $k$ 点的观测值,$w_k$ 由时间和空间从数据点到网格插值点的标准化距离决定。

对于特定插值网格位置 $(x_0, y_0, t_0)$,时空加权插值将会寻找距离该点空间范围为 $R$、时间范围为 $T$ 的数据点。这个待插值点被 $N$ 个数据点值的线性组合估计得出。

(3)质量控制

风速平均误差:

$$\bar{b} = \sum_{i=1}^{n} (A_i - B_i)/n \tag{3-13}$$

风速平均绝对误差:

$$|\bar{b}| = \sum_{i=1}^{n} |A_i - B_i|/n \tag{3-14}$$

风速均方根误差:

$$\sigma = \sqrt{\sum_{i=1}^{n} (A_i - B_i)^2/(n-1)} \tag{3-15}$$

式中:$A$ 为融合风场的风速值;$B$ 为浮标的风速值;$n$ 为样本数量。

风向的准确率:风向检验结果分为正确、不正确两类。当融合风向和浮标风向的绝对偏差 $\leqslant 45°$时,评定为正确,风向标记为 1;否则为不正确,标记为 0。

风向准确率=风向采集标记总数/样本总数。

## 3.2 最优地球物理模式函数 GMF 自动选取技术

### 3.2.1 概述

C 波段 SAR 和散射计的风场反演需要构造地球物理模式函数(GMF)。Radarsat 2 SAR 采用 C 波段雷达,利用高精度 GMF 构造模拟风向、风速与归一化雷达后向散射截面(NRCS)之间的函数关系,用于 NRCS 数值模拟,作为海面 10 m 风速反演的基础数据。

### 3.2.2 组成

该模块由 CMOD5.N 函数构成。

### 3.2.3 算法流程

CMOD5. N 模型函数表达式如下：

$$\sigma_{\text{VV}}^0 = b_0 [1 + b_1 \cos(\phi) + b_2 \cos(2\phi)]^{1.6} \tag{3-16}$$

式中：$\sigma_{\text{VV}}^0$ 为 VV 极化的 NRCS；$b_0$、$b_1$ 和 $b_2$ 是海面 10 m 高度处风速 $v$ 和入射角 $\theta$ 的函数；$\phi$ 为相对风向。令 $x = (\theta - 40)/25$，$b_0$ 项定义如下：

$$b_0 = 10^{a_0 + a_1 v} f(a_2 v, s_0)^\gamma \tag{3-17}$$

式中：

$$f(s, s_0) = \begin{cases} (s_0)^a g(s_0) & s < s_0 \\ g(s) & s \geqslant s_0 \end{cases} \tag{3-18}$$

其中：

$$\left. \begin{aligned} g(s) &= 1/[1 + \exp(-s)] \\ \alpha &= s_0 [1 - g(s_0)] \end{aligned} \right\} \tag{3-19}$$

函数 $a_0$、$a_1$、$a_2$、$\gamma$ 和 $s_0$ 只与入射角有关：

$$\left. \begin{aligned} a_0 &= c_1 + c_2 x + c_3 x^2 + c_4 x^3 \\ a_1 &= c_5 + c_6 x \\ a_2 &= c_7 + c_8 x \end{aligned} \right\} \tag{3-20}$$

$$\left. \begin{aligned} \gamma &= c_9 + c_{10} x + c_{11} x^2 \\ s_0 &= c_{12} + c_{13} x \end{aligned} \right\} \tag{3-21}$$

$b_1$ 项可以写为：

$$b_1 = \frac{c_{14}(1 + x) - c_{15} v \{0.5 + x - \tanh[4(x + c_{16} + c_{17} v)]\}}{1 + \exp[0.34(v - c_{18})]} \tag{3-22}$$

$b_2$ 项定义为：

$$b_2 = (-d_1 + d_2 v_2) \exp(-v_2) \tag{3-23}$$

式中：

$$v_2 = \begin{cases} a + b(y - 1)^n & y < y_0 \\ y & y \geqslant y_0 \end{cases}, y = \frac{v + v_0}{v_0} \tag{3-24}$$

式中：

$$y_0 = c_{19}, n = c_{20} \tag{3-25}$$

$$a = y_0 - (y_0 - 1)/n, b = 1/[n(y_0 - 1)^{n-1}] \tag{3-26}$$

$v_0$、$d_1$ 和 $d_2$ 只与入射角有关：

$$\left. \begin{aligned} v_0 &= c_{21} + c_{22} x + c_{23} x^2 \\ d_1 &= c_{24} + c_{25} x + c_{26} x^2 \\ d_2 &= c_{27} + c_{28} x \end{aligned} \right\} \tag{3-27}$$

CMOD5. N 模型系数如表 3-1 所示。

表 3-1　CMOD5. N 系数

| 系数 | 值 | 系数 | 值 | 系数 | 值 | 系数 | 值 |
|---|---|---|---|---|---|---|---|
| $c_1$ | $-0.6878$ | $c_8$ | 0.0159 | $c_{15}$ | 0.0066 | $c_{22}$ | $-3.3428$ |
| $c_2$ | $-0.7957$ | $c_9$ | 6.7329 | $c_{16}$ | 0.3222 | $c_{23}$ | 1.3236 |
| $c_3$ | 0.3380 | $c_{10}$ | 2.7713 | $c_{17}$ | 0.0120 | $c_{24}$ | 6.2437 |
| $c_4$ | $-0.1728$ | $c_{11}$ | $-2.2885$ | $c_{18}$ | 22.700 | $c_{25}$ | 2.3893 |
| $c_5$ | 0.0000 | $c_{12}$ | 0.4971 | $c_{19}$ | 2.0813 | $c_{26}$ | 0.3249 |
| $c_6$ | 0.0040 | $c_{13}$ | $-0.7250$ | $c_{20}$ | 3.0000 | $c_{27}$ | 4.1590 |
| $c_7$ | 0.1103 | $c_{14}$ | 0.0450 | $c_{21}$ | 8.3659 | $c_{28}$ | 1.6930 |

目前,国内外主要利用 VV 极化和 VH 极化 SAR 图像反演海面风场,发展了众多的地球物理模型函数。为确定 VV 极化和 VH 极化的最优 GMF,选取了 346 景 SAR 图像,时空匹配浮标数据,经过统计分析得到了不同极化 SAR 图像风场反演的最优 GMF。

(1)VV 极化

为了从 VV 极化的散射计观测数据中反演海面风速,学者们通过分析归一化雷达后向散射系数(NRCS)与海面 10 m 处风速的函数关系,建立了一种用于反演海面风场信息的经验模型函数,称为地球物理模式函数(Geophysical Model Function,GMF)。其中,国际上应用较为广泛的是 CMOD 系列模型函数,该模型起初是基于 C 波段 VV 极化的散射计数据而开发的,后被证明对于 VV 极化的 SAR 数据同样适用。

CMOD 模式函数是一种经验模型,描述了海面 10 m 风速与 VV 极化的 NRCS、雷达入射角以及相对风向间的函数关系。对于一幅特定的 SAR 影像来说,只要获取了雷达后向散射截面、相对风向和入射角信息,便可以求解唯一风速。目前为止,学者们通过不同传感器数据,针对不同风速段、不同海域建立起了众多版本的 CMOD 模式函数。其中,应用最为广泛、研究最为深入、且经过多种 SAR 系统验证的 CMOD 模式函数为 CMOD4、CMOD-IFR2、CMOD5 以及 CMOD5. N。因此,本研究采用 CMOD4、CMOD-IFR2、CMOD5 以及 CMOD5. N 模式函数用于 VV 极化 SAR 数据的海面风速反演研究。

基于 ASCAT、QSCAT、ERA-5 风向构建的初始海面风向场,对 346 景 VV 极化 SAR 影像,分别采用 CMOD4、CMOD-IFR2、CMOD5 和 CMOD5. N 模型函数进行风速反演,并利用均方根误差(Root Mean Squared Error,RMSE)、相关系数(Correlation Coefficient,Corr)以及偏差(Bias)等参数对反演结果进行统计性分析。图 3-4 为 CMOD4、CMOD-IFR2、CMOD5 和 CMOD5. N 反演风速与浮标风速的关系,均方根误差分别为 2.23 m/s、2.10 m/s、1.99 m/s 和 1.94 m/s。

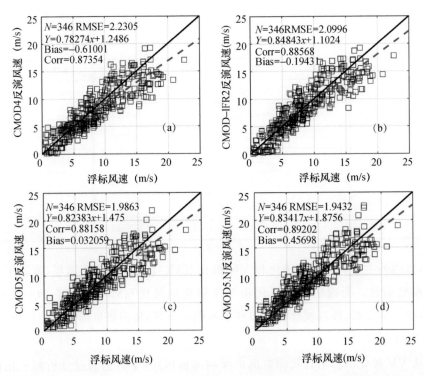

图 3-4 （a）CMOD4、（b）CMOD-IFR2、（c）CMOD5 和（d）CMOD5.N 模型函数反演风速与浮标风速的关系。其中，$N$ 表示样本容量，RMSE 表示反演风速与参考风速均方根误差，Bias 表示偏差，Corr 为相关系数，红色虚线表示参考风速和 SAR 反演风速的最小二乘法拟合直线，下文同。

基于最小均方根误差原则，对于 VV 极化 SAR 影像数据，最佳风速反演模型为 CMOD5.N 模式函数。

（2）VH 极化

高海况下，由于交叉极化的 NRCS 没有出现"饱和"现象，因此大多数交叉极化风速反演模型均是基于高风速数据而开发的。然而，实验选取的 346 景 SAR 图像风速区间为 0～25 m/s，且超过 20 m/s 影像仅为 2 幅。因此，采用基于中低风速数据建立的 Vachon-CP 模型和 C-2PO 模型作为交叉极化 SAR 数据的风速反演模型。

图 3-5 为 HV 和 VH 极化 SAR 数据分别基于 C-2PO 和 Vachon-CP 模型反演风速与浮标风速的关系。图中可以看出，基于 C-2PO 模型的 VH 和 HV 极化 SAR 反演风速和浮标风速均方根误差分别为 1.9861 m/s 和 2.0147 m/s，基于 Vachon-CP 模型的 VH 和 HV 极化 SAR 反演风速和浮标风速均方根误差分别为 2.1083 m/s 和 2.2309 m/s。由此可见，无论是 VH 极化还是 HV 极化数据，利用 C-2PO 反演风速精度要略优于 Vachon-CP 模型。因此，交叉极化 SAR 影像最优风速反演模型为 C-2PO。

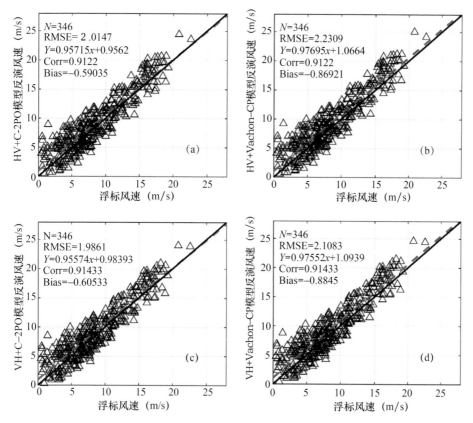

图 3-5 (a)HV+C-2PO、(b)HV+Vachon-CP、(c)VH+C-2PO 和(d)VH+Vachon-CP
组合模型反演风速与浮标风速的关系

## 3.3 SAR 图像网格化重构技术

### 3.3.1 概述

散射计和 SAR 风场反演过程中,网格分辨率的大小影响风速反演精度。Radarsat 2 SAR 图像产品有不同的分辨率模式:SCAN-A 和 SCAN-B 宽刈幅扫描 SAR 图像产品的分辨率为 50 m(方位向和距离向),而精细化多极化 SAR 图像分辨率可达 5 m(方位向和距离向)。利用已有 Radarsat 2 SAR 图像资料与准时空同步浮标资料数据,进行 SAR 风速反演图像重构,自动优化确定 SAR 图像网格最优重构分辨率,并针对输入的 SAR 图像,自动进行 SAR 图像网格化重构,实现 SAR 风速反演预处理功能。

### 3.3.2 组成

SAR 图像网格化重构模块的组织结构图如图 3-6 所示。

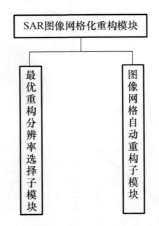

图 3-6  SAR 图像网格化重构模块组织结构图

### 3.3.3 算法流程

选取大量 Radarsat2 SAR 图像建立样本数据库,时空匹配相应的 NDBC 浮标数据。将 SAR 图像重构成不同分辨率进行风速反演,将反演结果与浮标数据比对,将均方根误差最小的分辨率确定为最优重构分辨率。具体算法流程如下:

(1)最优重构分辨率选择子模块

该模块的算法流程如图 3-7 所示,具体步骤如下:

1)图像预处理

对 SAR 图像进行几何校正、辐射定标,获取入射角、经纬度信息,得到 VV 极化 NRCS。

2)分辨率重构

将 SAR 图像重构为不同分辨率的 SAR 图像,最高分辨率为 50 m,最低分辨率为 3050 m,步长为 100 m。

3)风速反演

基于 CMOD5.N 风速反演模型,得到 VV 极化反演风速。

4)重复步骤 2)和 3),直到所有样本均完成风速反演。

5)将 SAR 反演风速和浮标风速比对,计算均方根误差,将误差最小情况下对应的分辨率作为最优重构分辨率。

(2)图像网格自动重构子模块

根据最优重构分辨率,通过插值和空间平均得到重构后的 NRCS、入射角、经纬度。

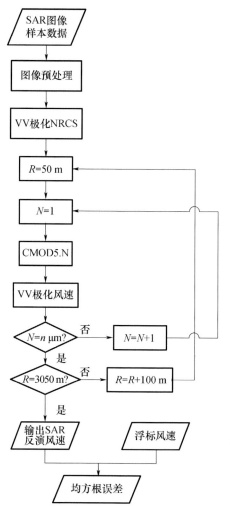

图 3-7  最优重构分辨率选择算法流程图

($R$ 表示空间分辨率,$n$ μm 表示总样本数量)

## 3.4  海面 10 m 风场—风速反演处理

### 3.4.1  概述

利用最优重构分辨率,对输入的 SAR 图像进行几何校正和笛卡尔坐标系校正,重构新的经纬度网格。在重构网格基础上,利用插值法形成重构 SAR 观测 NRCS 值,采用高精度地球物理模式函数模拟不同风向风速下 NRCS 值,根据代价函数反演出风速,在此基础上,采用最优化方法,获得高精度风向、风速值,实现风场反演功能。

### 3.4.2 组成

该模块通过调用图像预处理模块、SAR 图像网格化重构模块、海面 10 m 风场—初始风向预处理模块和风场反演地球物理模式函数（GMF）构造模块，反演得到海面风速。

### 3.4.3 算法流程

采用最优重构分辨率进行网格重构，基于 CMOD5. N 模型进行海面风速反演，算法流程图如图 3-8 所示，具体步骤如下：

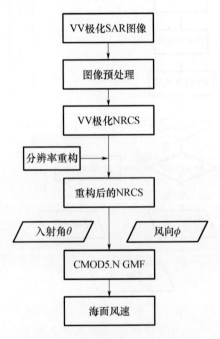

图 3-8 海面风速反演流程图

（1）图像预处理

对原始 SAR 图像进行几何校正、辐射定标，获取入射角、经纬度等信息，得到 VV 极化 NRCS。

（2）分辨率重构

基于 SAR 图像网格化重构模块自动选择最优重构分辨率，得到重构后的 VV 极化 NRCS。

（3）风速反演

采用 CMOD5. N 风速反演模型，输入入射角、风向信息，得到海面风速。风向由 ASCAT/HY-2 融合风场产品提供。

## 3.5 最优风场反演分辨率自动锁定技术

海表面风速与雷达后向散射强度(NRCS)有着密切的联系,几乎所有的 SAR 海面风速反演模型均是基于二者间关系而建立的。因此,能否从原始 SAR 影像数据中快速、准确地获取 NRCS 信息,将直接影响着 SAR 海面风速反演的精度。然而,SAR 是一种相干的成像系统,在其对目标成像过程中,不可避免地形成一种称为"玫斑"的乘性噪声,严重地影响了 SAR 图像的质量,进而降低了海面风速反演的精度。为了克服这一缺陷,一般采用降低原始 SAR 影像空间分辨率的方法来获取高精度海面风速。虽然各研究中重采样的空间分辨率选取数值不同,但均取得了较好的风速反演效果。由此可见,在利用 SAR 数据提取海面风速过程中,空间分辨率的选取会对反演结果产生一定的影响。

为了提高 SAR 海面风速反演精度,基于最优风速反演模型,利用统计分析方法,对 VV 极化和 VH 极化 SAR 数据在不同空间分辨率下风速反演精度进行系统的评估,并给出各极化通道下的海面风速反演空间"最适分辨率"。实验步骤如下:

1)对原始 SAR 影像进行辐射定标和几何校正,同时与 NDBC 浮标数据进行时空匹配。

2)将原始 SAR 影像进行空间分辨率的重采样,规则为:以 50 m 空间分辨率为始,以 3050 m 为终,间隔 100 m。选择 3050 m 为终点的原因在于:基于该数据的海面风速空间分辨率的最高取值为 3 km。

3)每进行一次空间分辨率重采样,均在 NDBC 浮标处提取各极化通道的 NRCS、入射角以及相对风向信息。

4)基于每次重采样获取的数据进行海面风速反演。VV 极化 SAR 影像采用 CMOD5.N 模式函数,VH 极化 SAR 影像采用 C-2PO 模型。

5)将 SAR 反演风速与浮标风速进行对比,风速误差最小值所对应的空间分辨率,即为 SAR 反演风速"最适分辨率"。

图 3-9 为 SAR 反演风速与浮标风速均方根误差随重采样空间分辨率的变化。从图中可以看出,基于 VV 和 VH 极化 SAR 数据的风速反演精度均随着空间分辨率的降低而增加,且在"最适分辨率"后,SAR 反演风速精度逐渐平稳,均方根误差不再产生较大起伏。对于 VV 极化 SAR 数据,其 SAR 反演风速"最适分辨率"为 850 m,与浮标均方根误差 1.78 m/s;VH 极化 SAR 数据反演风速"最适分辨率"为 1350 m,与浮标均方根误差 1.65 m/s。

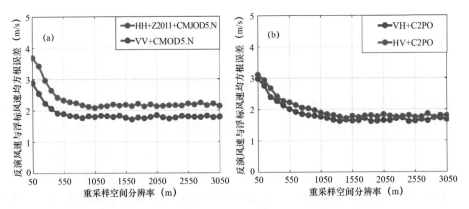

图 3-9　SAR 反演风速与浮标风速均方根误差随重采样的空间分辨率的变化

(a)同极化；(b)交叉极化

## 3.6　海面风场矢量产品存储和显示

### 3.6.1　概述

根据反演和优化算法获得的海面 10 m 高风场矢量(风速和风向)产品,编写程序实现产品统一格式输出和自动存储功能。编程实现可视化软件,自动读取海面风场矢量存储文件,将海面风速进行彩色显示,叠加上海面风向,实现海面风场矢量自动显示功能。

### 3.6.2　组成

海面风场矢量产品存储和显示模块组织结构图如图 3-10 所示。

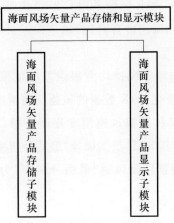

图 3-10　海面风场矢量产品存储和显示模块组织结构图

### 3.6.3 算法流程

(1)海面风场矢量产品存储子模块

海面风场矢量产品存储子模块实现对以下产品的存储:HY-2/ASCAT 融合风场产品、Radarsat 2 风场反演产品。

(2)海面风场矢量产品显示子模块

海面风场矢量产品显示子模块实现产品的交互显示,具体功能如下:

1)HY-2/ASCAT 融合风场显示。

2)Radarsat 2 反演风场显示(Radarsat 2 反演风场图见图 3-11、图 3-12)。

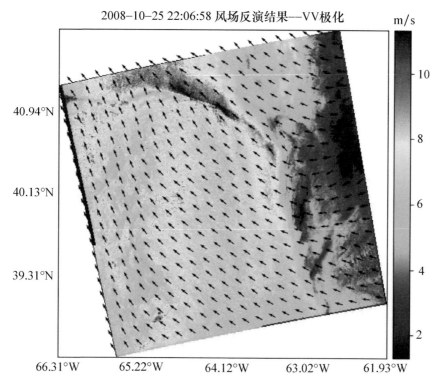

图 3-11 Radarsat 2 宽刈幅 SAR 图像风场反演结果
(GMF:CMOD5.N,输入风向:ASCAT 风向)

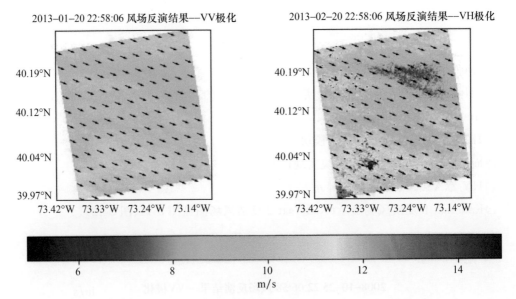

图 3-12　Radarsat 2 精细四极化 SAR 图像风场反演结果

（VV 极化采用 CMOD5. N GMF，VH 极化采用 C2PO GMF，输入风向：ERA5 风向）

# 第4章 海洋锋面特征提取技术

海洋锋面特征提取技术利用收集的海面风向、风速和海面温度数据,根据海洋锋面特征提取算法,获得海洋锋面位置信息,投影显示于 SAR 图像或风场图像之上。利用海表面温度的散度,对海洋锋面遥感产品进行质量样本检验,生成各个样本产品的检验结果。

海洋锋面特征提取子系统的组织结构图如图 4-1 所示。

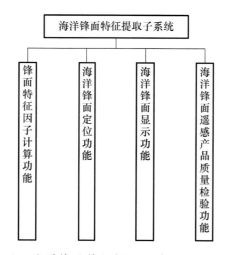

图 4-1 海洋锋面特征提取子系统组织结构图

## 4.1 锋面特征因子计算模块

### 4.1.1 概述

利用卫星散射计风场融合产品和 SAR 风场反演产品,计算锋面特征提取因子产品。功能包括:散射计 ASCAT 与 HY-2 风场散度和旋度低通滤波功能;Radarsat 2 SAR 风场散度和旋度低通滤波功能;散射计 ASCAT 与 HY-2 锋面特征提取因子计算功能;Radarsat 2 SAR 锋面特征提取因子计算功能。

### 4.1.2 组成

锋面特征因子计算模块组织结构图如图 4-2 所示。

图 4-2  锋面特征因子计算模块组织结构图

## 4.1.3  算法流程

（1）散射计 ASCAT 与 HY-2 风场散度和旋度低通滤波子模块

散射计 ASCAT 与 HY-2 风场散度和旋度低通滤波子模块的流程图如图 4-3 所示。

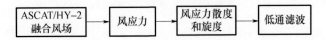

图 4-3  融合风场散度和旋度低通滤波子模块流程图

具体流程如下：

1）风应力

使用以下迭代方程组计算风应力：

$$z_0 = \frac{0.11 \times v}{u_{sr}} + \frac{0.011 \times u_{sr}^2}{g} \tag{4-1}$$

$$u_{srn} = \frac{U \times 0.4}{\lg\left(\dfrac{z}{z_0}\right)} \tag{4-2}$$

$$u_{sr} = u_{srn} \tag{4-3}$$

收敛条件为：

$$\left|\frac{u_{srn}-u_{sr}}{u_{sr}+10^{-8}}\right|<10^{-6} \tag{4-4}$$

风应力的计算公式如下：

$$\tau=\rho_a u_{sr}^2 \tag{4-5}$$

式中：$U$ 为 10 m 风速；摩擦速度 $u_{sr}$ 初值设为 $0.04U$；$z=10$ m；$g=9.81$ N/m$^2$；密度 $\rho_a=1.22$ kg/m$^3$；空气运动黏度 $v=0.15\times10^{-4}$。

风应力的方向可以从风向获得。

2）风应力散度和旋度

风应力散度和旋度的计算公式分别为：

$$\nabla\cdot\tau=\partial\tau_x/\partial x+\partial\tau_y/\partial y \tag{4-6}$$

$$\nabla\times\tau=\partial\tau_y/\partial x-\partial\tau_x/\partial y \tag{4-7}$$

3）低通滤波

采用 Loess 低通滤波算法对散度和旋度滤波。假设在任意观测位置 $x_1$，$x_2$，$\cdots$，$x_n$ 存在 $n$ 个观测值 $y_1$，$y_2$，$\cdots$，$y_n$，经过 Loess 滤波后的新数据 $z$ 在 $x_0$ 点可以表示为：

$$z=\sum_{j=1}^{n}a_j(x_0)y_j \tag{4-8}$$

式中：$a_j(x_0)$ 是滤波函数，其表达式为

$$a_j(x_0)=[1-|(x_0-x_j)/d|^3]^3 \tag{4-9}$$

式中：$d$ 是谱空间的半功率宽度。

（2）Radarsat 2 SAR 风场散度和旋度低通滤波子模块

Radarsat 2 SAR 风场散度和旋度低通滤波子模块流程图如图 4-4 所示。

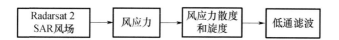

图 4-4 Radarsat 2 SAR 风场散度和旋度低通滤波子模块流程图

具体流程同散射计 ASCAT 与 HY-2 风场散度和旋度低通滤波子模块。

（3）散射计 ASCAT 与 HY-2 锋面特征提取因子计算子模块

SST 在风向和侧风向上的变化与风应力散度和旋度线性相关，即：

$$\left|\frac{\partial T}{\partial s}\right|\propto\nabla\cdot\tau \tag{4-10}$$

$$\left|\frac{\partial T}{\partial n}\right|\propto(\nabla\times\tau)\cdot k \tag{4-11}$$

式中：$T$ 表示 SST；$(s,n)$ 是 SST 锋面的局部坐标系，分别指风向和侧风向；$\tau$ 是风应力；$k$ 表示法线风向。

可以根据风应力扰动强度检测 SST 锋面：

$$|\nabla T|_{\min} = bA \qquad (4\text{-}12)$$

式中：$A$ 是风应力扰动系数

$$A = \sqrt{\{[\overline{(\nabla \times \boldsymbol{\tau})_p} - \overline{(\nabla \times \boldsymbol{\tau})_n}]/[\overline{(\nabla \cdot \boldsymbol{\tau})_p} - \overline{(\nabla \cdot \boldsymbol{\tau})_n}]\}^2 |\nabla \cdot \boldsymbol{\tau}|^2 + |\nabla \times \boldsymbol{\tau}|^2} \qquad (4\text{-}13)$$

SST 梯度 $\nabla T$ 可由 HY-2 SST 产品计算得出，扰动系数 $A$ 由融合风场导出。

（4）Radarsat 2 SAR 锋面特征提取因子计算子模块

输入从 Radarsat 2 SAR 风场提取的风应力，采用式（4-13）计算风应力扰动系数。

## 4.2 海洋锋面定位模块

### 4.2.1 概述

海洋锋面定位模块包括海洋锋面搜索、海洋锋面判识、海洋锋面位置自动确定、笛卡尔坐标下海洋锋面位置信息获取、海洋锋面位置坐标转换、海洋锋面位置信息存储等功能。

### 4.2.2 组成

海洋锋面定位模块组织结构图如图 4-5 所示。

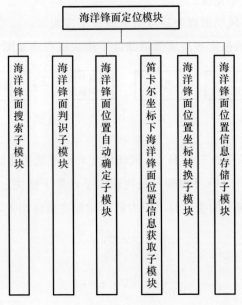

图 4-5　海洋锋面定位模块组织结构图

## 4.2.3　算法流程

海洋锋面定位模块算法流程图如图 4-6 所示。

图 4-6　海洋锋面定位模块算法流程图

具体流程如下：

(1)海洋锋面搜索子模块

输入 SST 和对应的风应力扰动系数,利用公式(4-12)搜索锋面。

(2)海洋锋面判识子模块

SST 热成锋判别条件：

- 理论最低条件:中尺度 SST 锋面具有至少 5 km 尺度的连续线性特征；
- SAR 图像试验结果:可识别条件为 30 km 尺度。

(3)海洋锋面位置自动确定子模块

根据海洋锋面判识结果,自动确定海洋锋面位置。

(4)笛卡尔坐标系下海洋锋面位置信息获取子模块

获取锋面位置的直角坐标。

(5)海洋锋面位置坐标转换子模块

将海洋锋面位置由直角坐标转换为经纬坐标。

(6)海洋锋面位置信息存储子模块

存储海洋锋面位置的经纬信息。

## 4.3 海洋锋面显示模块

### 4.3.1 概述

包括海洋风场矢量背景显示、海洋锋面位置信息图形显示等功能。

### 4.3.2 组成

海洋锋面显示模块组织结构图如图 4-7 所示。

图 4-7 海洋锋面显示模块组织结构图

### 4.3.3 算法流程

(1)海洋风场矢量背景显示子模块
生成海洋风场矢量并显示，作为锋面位置显示背景。
(2)海洋锋面位置信息图形显示子模块
显示海洋锋面位置信息图像。
VV 极化 SAR 图像见图 4-8 至图 4-11。

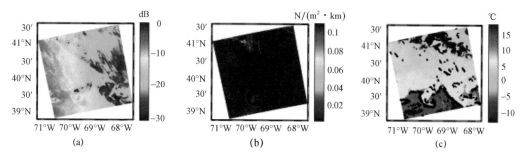

图 4-8 VV 极化 SAR 图像（2009 年 3 月 7 日 22：27：58）

（a）VV 极化 SAR 图像（UTC）；（b）风应力扰动（WSP）；

（c）锋面提取结果，背景图为海表面温度

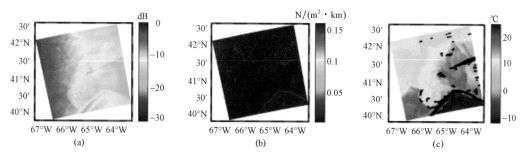

图 4-9 VV 极化 SAR 图像（2009 年 5 月 22 日 22：11：34）

（a）VV 极化 SAR 图像（UTC）；（b）风应力扰动（WSP）；

（c）锋面提取结果，背景图为海表面温度

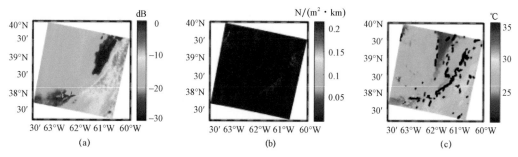

图 4-10 VV 极化 SAR 图像（2008 年 9 月 15 日 10：16：29）

（a）VV 极化 SAR 图像（UTC）；（b）风应力扰动（WSP）；

（c）锋面提取结果，背景图为海表面温度

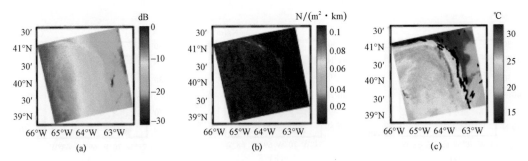

图 4-11  VV 极化 SAR 图像(2008 年 10 月 25 日 22：06：58)

(a)VV 极化 SAR 图像(UTC)；(b)风应力扰动(WSP)；

(c)锋面提取结果，背景图为海表面温度

## 4.4  海洋锋面遥感产品质量检验模块

### 4.4.1  概述

利用准时空匹配海表面温度产品，探索相应的基于 SST 海洋锋面探测算法，并进行海洋锋面探测，获得相应的海洋锋面位置信息，计算 SST 锋面位置曲线与 SAR 检测锋面位置曲线的相关系数，实现对利用散射计和 SAR 图像锋面检测结果进行质量检验功能。

### 4.4.2  组成

海洋锋面遥感产品质量检验模块组织结构图如图 4-12 所示。

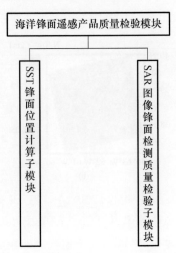

图 4-12  海洋锋面遥感产品质量检验模块组织结构图

## 4.4.3 算法流程

海洋锋面遥感产品质量检验算法流程如图 4-13 所示。

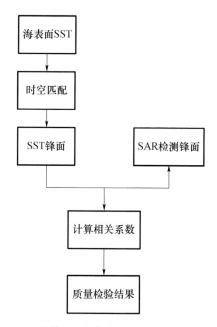

图 4-13 海洋锋面遥感产品质量检验算法流程图

(1)SST 锋面位置计算子模块

采用梯度法计算 SST 锋面位置。梯度法根据锋面在对应水文要素上呈现较高的水平梯度的基本特性,通过选取较高水平梯度像元以实现锋面提取。其基本步骤主要包括:梯度计算、梯度阈值选取以及图像二值化分割。

在遥感影响中,像元 $P(i,j)$ 水平梯度计算方法为:

$$\text{Grad} = \sqrt{D_x^2 + D_y^2} \tag{4-14}$$

式中:

$$D_x = \frac{P(i,j+1) - P(i,j-1)}{2\text{d}x} \tag{4-15}$$

$$D_y = \frac{P(i+1,j) - P(i-1,j)}{2\text{d}y} \tag{4-16}$$

式中:$\text{d}x$、$\text{d}y$ 分别是沿纬线、经线方向上的像元大小及图像的空间分辨率。

(2)SAR 图像锋面检测质量检验子模块

计算 SST 锋面和 SAR 检测锋面的相关系数,如果相关系数大于 0.8,则 SAR 检测结果可信,否则不可信。

# 第 5 章　海表温度图像处理及海流监测技术

利用 HY-2、MODIS、AVHRR、FY-2、FY-4 号等卫星红外传感图像校正后的 SST 产品数据,通过不同时刻成像的数据融合技术,编程计算获取西太平洋区域 SST 动画演示产品。根据不同时间间隔的 SST 动画图像序列,利用相邻两幅动画图像上的同一水团像素点 SST 特征,采用最大交叉相关系数(MCC)法,进行前向和后向搜索,获得校正后的海流矢量产品,编程生成感兴趣海域海流动画演示产品。

海表温度图像处理及海流监测子系统组织结构图如图 5-1 所示。

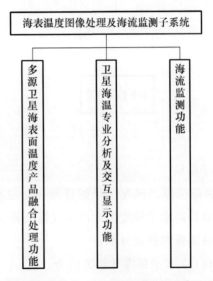

图 5-1　海表温度图像处理及海流监测子系统组织结构图

## 5.1　多源卫星海表面温度产品融合处理

### 5.1.1　概述

融合海面温度以英国 OSTIA(或加拿大 CMC)的海表温度产品和葵花 8 号海温产品为基准,对 FY-2/FY-4A 海温产品进行订正。其中,FY-2/FY-4A、葵花 8 号和 OSTIA(或 CMC)的融合方法为权重法,在得到融合海温的基础上,结合模式统计输出的海洋温度剖面数据产品。算法及产品功能包括:

（1）FY-2/FY-4A 海温产品和葵花 8 号海温预处理

读取 FY-2/FY-4A 海温产品和葵花 8 号海温并进行预处理，使其满足后续的计算和处理需要。

（2）OSTIA（CMC）海表温度产品预处理

读取 OSTIA（CMC）的海表温度产品并进行预处理，使其满足后续的计算和处理需要。

（3）云污染等无效像素点剔除

剔除 FY-4A 海温产品中有云的像素点，此时完全采用 OSTIA（CMC）数据。

（4）融合算法权重因子计算

计算出 FY 卫星海温和 OSTIA（CMC）海温这两个不同源的海温数据的权重因子，以便于后面融合数据的生成。

（5）融合生成洋面温度

根据融合算法权重因子，分别对 FY 卫星海温和 OSTIA（CMC）海温进行加权处理，得到新的融合后的海温数据。

## 5.1.2 组成

多源卫星海表面温度产品融合处理模块组织结构图如图 5-27 所示。

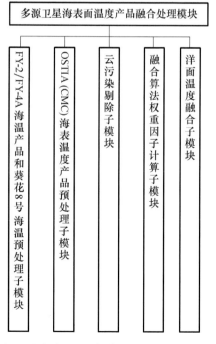

图 5-2 多源卫星海表面温度产品融合处理模块组织结构图

### 5.1.3　算法流程

多源卫星海表面温度产品融合处理模块算法流程如图5-3所示。

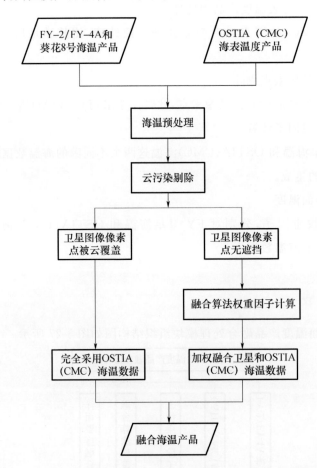

图 5-3　多源卫星海表面温度产品融合处理算法流程图

具体流程如下：

(1)FY-2/FY-4A 海温产品和葵花 8 号海温预处理子模块

海表温度数据预处理流程图如图 5-4 所示：

图 5-4　海温预处理流程图

具体流程如下：

1)双线性插值

由于海表温度数据空间分辨率不一致,需要对其进行相应的几何变换,使之处于同一坐标系中。采用双线性插值算法将海温数据都插值成空间分辨率为 10 km 的数据。双线性插值模型如图 5-5 所示。

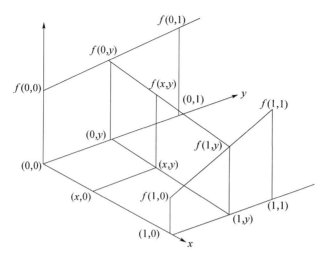

图 5-5 双线性插值模型

设像素点 $(x,y)$ 及其周围的 4 个点 $(0,0)$、$(0,1)$、$(1,0)$、$(1,1)$ 对应的灰度值分别为 $f(x,y)$、$f(0,0)$、$f(0,1)$、$f(1,0)$ 和 $f(1,1)$，则通过 $x$ 轴的一阶线性插值，可得

$$f(x,0) = f(0,0) + x[f(1,0) - f(0,0)] \tag{5-1}$$

类似地，可求得：

$$f(x,1) = f(0,1) + x[f(1,1) - f(0,1)] \tag{5-2}$$

$$f(x,y) = f(x,0) + y[f(x,1) - f(x,0)] \tag{5-3}$$

由于海表温度数据并非连续的数据，存在陆地信息和空缺数据，将产生误差，因此，将陆地信息和空缺数据看作无效数据。如果像素点 $(x,y)$ 周围的 4 个点的无效数据个数大于等于 2 时，认为 $f(x,y)$ 为无效数据；当有效数据个数等于 3 时，将有效数据取平均，取代其中的无效数据，再利用双线性插值公式计算 $f(x,y)$。

2）质量控制

经过上述双线性插值后，由于传感器分辨率、反演海表温度误差、插值误差等原因，3 组数据在同一位置的海表温度存在一定的误差。为了保证融合后数据的准确性，必须对数据进行质量控制，剔除大于一定数值的数据。该数值可根据经验选择。

（2）OSTIA（CMC）海表温度产品预处理子模块

OSTIA（CMC）海表温度产品预处理流程同子模块（1）。

（3）云污染剔除子模块

该模块实现自动云检测与剔除功能。首先通过无云和含云样本影像，分别粗估最高亮度和最低亮度阈值，分别用于保证云的准确率和查全率；然后在双阈值的辅助下，定性删选无云影像，并计算含云影像的精确亮度阈值；最后对阈值分割出的云区执行形态学综合运算,改善云检测精度,得到最终的含云量和云掩模。具体算法流程如图5-6所示。

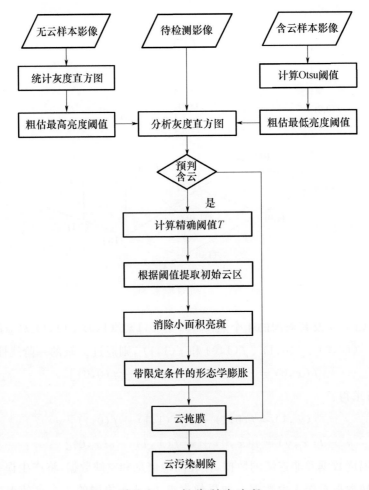

图 5-6　云污染剔除流程

1)灰度直方图与最高亮度阈值

灰度直方图提供了一种确立图像中简单物体亮度边界的有效方法。对于一幅不含云的影像,可近似认为其最大灰阶低于最高亮度阈值。但考虑到地物本身辐射特征的复杂性,以及传感器在某些情况下的异常响应,一般在基于灰度统计的分析中,会舍弃直方图高亮度一端1%比例的像素。具体步骤如下:

① 选取一定数目不含云的影像;

② 逐张统计影像灰度直方图,舍弃直方图位于高亮度一端占总数1%的像素,记录末端截断阈值 $T_{end}$;

③ 将所有的 $T_{end}$ 按从高到低的顺序排列,舍弃最高的1%,记录剩余 $T_{end}$ 的最大值,即为最高亮度阈值 $T_{high}$。

2)Ostu 算法与最低亮度阈值

Otsu 算法也称最大类间方差算法,它以目标和背景的方差最大为原则,将图像按灰度级聚类分成背景和目标两部分。在已知影像多云的情况下,Otsu 算法可用于云区的快速检测和提取。但对于少云和无云影像,Otsu 阈值极易被确定在两类地物之间,从而造成大量的误判。因此,Otsu 算法不能直接用于云检测,但可用来粗估最低亮度阈值,具体步骤如下:

① 选取一定数目的多元影像;

② 通过 Otsu 算法逐张自动计算亮度阈值,并对影像进行灰度分割,得到粗略云检测结果;

③ 人工检查粗略云检测结果是否基本符合实际。若出现严重的错检或漏检,则移除该异常影像,再增补一张样本影像,重复前两步;

④ 将所有 $T_{Ostu}$ 按从低到高的顺序排列,舍弃最低的 1%,记录剩余 $T_{Ostu}$ 的最小值,即为最低亮度阈值 $T_{low}$。

上述两个阈值粗估过程中,为保证粗估结果的合理性,样本影像数目应多于 100 幅。对 $T_{end}$ 和 $T_{Ostu}$ 进行排序后,分别舍弃占总数 1% 的最高和最低值,这是由于这些统计数字近似呈高斯分布,舍弃部分极端值后的结果更符合实际需求。

3)计算精确亮度阈值

对于一张待检测影像,首先通过最高亮度阈值定性筛选无云影像,而对于含云影像,则以双阈值为限定条件执行 Otsu 计算,得到精确阈值。具体步骤如下:

① 若影像灰度直方图中,大于 $T_{high}$ 的像素比例极小,则定性判定为无云影像。否则,执行下一步;

② 选取直方图中位于高阈值 $T_{high}$ 和低阈值 $T_{low}$ 之间的部分执行 Otsu 计算,得到阈值 $T$;

③ 根据阈值 $T$,对影像执行灰度分割,阈值以上的部分即为初始云区。

4)云区形态学综合

如果仅使用灰度分割的方式,则不可避地引发对高亮度似云目标的误判。通过基于目标面积的形态学腐蚀和带限制条件的形态学膨胀来解决这一问题。具体步骤如下:

① 检测面积小于 $K_1$ 的云区,并认为这是高亮噪声,予以删除,即标记为非云;

② 在对云区执行尺度为 $K_2$ 的形态学膨胀,但膨胀的过程中同时判断新增像元的亮度,若亮度小于 $T_{low}$,则该像元不予膨胀;

③ 检测面积小于 $K_3$ 的非云区,并认为这是细小云缝,予以删除,即标记为云。

上述云区形态学运算过程中,$K_1$、$K_2$ 和 $K_3$ 均为配置参数,可根据具体情况改动。

5)云污染剔除

根据云掩膜结果,进行云污染无效数据剔除。

(4)融合算法权重因子计算子模块

采用最优插值方法作为融合算法。在最优插值分析过程中,空间网格点上的分析值通过观测数据相对于背景场(又称初猜场、预报场)的偏差加权求得,并且权重系数应使得网格点的分析误差达到最小值。

假设格点 $k$ 上的分析增量 $r_k$ 表示该点的 SST 分析值与该点背景场值的偏差,而观测增量 $q_i$ 表示观测值与背景场值的差,则 $r_k$ 可表示为:

$$r_k = \sum_{i=1}^{N} w_{ik} q_i \tag{5-4}$$

式中:$w_{ik}$ 为最小化方差求得的各观测点权重因子,下标 $i$ 表示有效观测数据格点;$N$ 表示有效观测数据格点总数。由最小二乘原理,权重因子 $w_{ik}$ 有:

$$\sum_{i=1}^{N} (\langle \pi_i \pi_j \rangle + \varepsilon_i^2 \delta_{ij}) w_{ik} = \langle \pi_j \pi_k \rangle \tag{5-5}$$

这里 $\langle \pi_i \pi_j \rangle$ 表示背景场相关误差的数学期望,$\varepsilon_i$ 指在 $i$ 点处的观测数据标准差与背景场数据标准差之比。在融合过程中,一般假设观测数据误差互不相关,故

$$\delta_{ij} = \begin{cases} 1 & i = j \\ 0 & i \neq j \end{cases} \tag{5-6}$$

通过对线性方程式(5-5)求解即可获得各观测数据相对于网格点 $k$ 的权重因子。

(6)洋面温度融合子模块

根据融合算法权重因子,分别对 FY 卫星海温和 OSTIA(CMC)海温进行加权处理,得到新的融合后的海温数据。

## 5.2 卫星海温专业分析及交互显示

### 5.2.1 概述

卫星海温专业分析及交互显示模块是根据海洋气象监测业务专业人员分析需求,实现海温产品的交互显示与专业分析。卫星海温专业分析及交互显示功能包括风云卫星海温显示、OISST 海温显示、融合后的海温显示。

### 5.2.2 组成

卫星海温专业分析及交互显示模块组织结构图如图 5-7 所示。

### 5.2.3 算法流程

卫星海温专业分析及交互显示模块实现以下功能:

1)风云卫星海温显示

2)OISST 海温显示

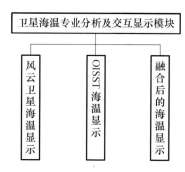

图 5-7 卫星海温专业分析及交互显示模块组织结构图

3)融合后的海温显示

基于多源卫星数据的中国近海融合海温见图 5-8。

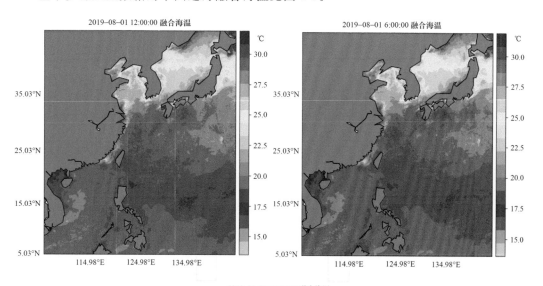

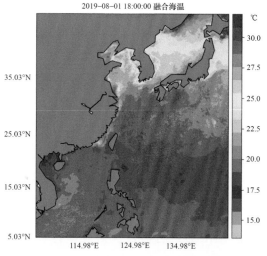

图 5-8 基于多源卫星数据的中国近海融合海温

## 5.3 海流监测模块

### 5.3.1 概述

包括感兴趣区域(AOI)海表面温度时间序列图像预处理、海流矢量反演计算、海流矢量产品生成及显示、强海流区域监测显示与报表。

### 5.3.2 组成

海流监测模块组织结构图如图 5-9 所示。

图 5-9 海流监测模块组织结构图

### 5.3.3 算法流程

(1)海表面温度时间序列图像预处理子模块

对经过融合处理的海温产品进行几何精校正、连续图像的几何位置配准,使相邻图像的几何误差不超过一个像元点。

(2)海流矢量反演计算子模块

1)最大相关系数法(MCC)

采用最大相关系数法(MCC)进行海流矢量反演计算。MCC 是基于模板匹配技术,用相关关系来跟踪温度结构的变化。考虑同一尺度的两幅 SST 图像,在第一幅图像中选取一小块区域,称为模板 P,在第二幅图像中同一中心位置选取一块比 P 大的区域,称为搜索区 S。模板匹配技术就是在 S 中寻找一块同 P 相似的子区域 $P_c$,如果找到 $P_c$,则认为模板 P 在第二幅图像中移动到了 $P_c$ 的位置上,求得一个位移矢量,位移矢量除以两幅 SST 图像成像的时间间隔就可以计算出模板 P 的平均移动速度。

相关系数矩阵计算:

$$\rho(i,j) = \frac{\sum\sum [S(k+i,l+j) - n_s(i,j)][P(k,l) - n_p]}{D} \tag{5-7}$$

式中,

$$n_s(i,j) = E[S_{ij}(k,l)] \tag{5-8}$$

$$n_p = E[P(k,l)] \tag{5-9}$$

$$D = \left[\sum\sum [S(k+i,l+j) - n_s(i,j)]^2 \times \sum\sum [P(k,l) - n_p]^2\right]^{1/2} \tag{5-10}$$

$i$、$j$ 是 $P_c$ 中心相对于 S 中心的位置,$k$、$l$ 是子图像像元的顺序位置。

速度 $V$ 的计算:

$$V = s/t \tag{5-11}$$

式中:距离 $s$ 是位移矢量的像元数乘以图像地面分辨率;时间 $t$ 为两幅卫星图像成像的时间间隔。

2)参数设置

用最大相关系数法求海表流场时需要考虑许多因素,包括设置参数和特定海区的海况,不同的参数设置对计算结果影响很大,需要考虑的因素如下:

① 取样网格点大小;

② 模板大小。由于温度结构随着不同空间尺度和时间尺度变化,模板的大小和形状应该随着海区海流特征而变。目前通常采用固定大小的正方形模板,如:$10 \times 10$、$16 \times 16$、$22 \times 22$、$32 \times 32$ 等,单位是像元数;

③ 搜索距离。搜索距离指搜索区 S 中心与子区域 $P_c$ 中心之间的距离。搜索距离决定了模板的最大寻找范围,同时限制了最大的位移矢量。确定一个合适的搜索距离是件困难的事。如果搜索距离的值设置太小,实际的模板位置可能在搜索区之外了,而设置的太大,很可能把另一块跟模板很相似但不是该模板位移的区域当成该模板的位移。另一方面,搜索区大小的设置同样需要考虑海流规模和海流特征。

(3)海流矢量产品生成及显示子模块

该模块生成和显示海流矢量产品,包括海流流速和流向(海表面流场见图 5-10)。

（4）强海流区域监测显示与报表子模块

该模块实现以下功能：设置强海流阈值，当海流流速超过该阈值时，自动标注强海流区域，并生成报表，包括强海流中心位置、平均流速、流速极值等信息（强海洋监测结果见图5-11）。

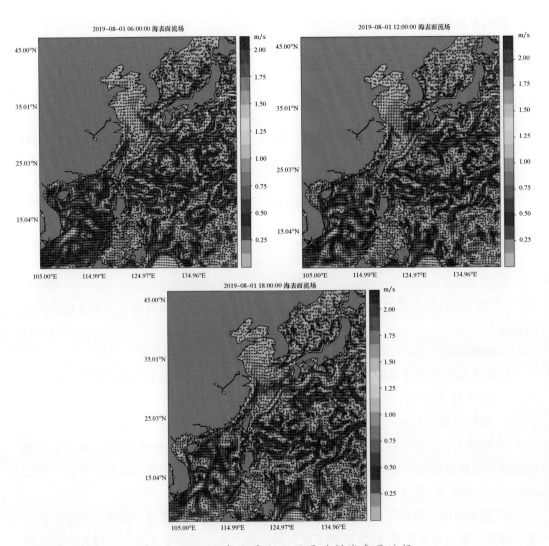

图 5-10　2019 年 8 月 1 日不同时刻海表面流场

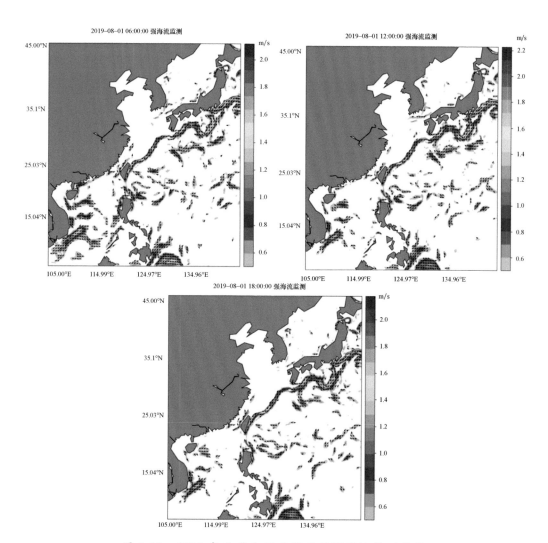

图 5-11　2019 年 8 月 1 日不同时刻强海流监测结果